家居巧设计系列

家居空间分隔

巧设计600

理想·宅 编

化学工业出版社

·北京·

内容提要

  空间分隔布局是家居装修设计的基本大前提，也是装修设计中的重点，好的分隔设计能够完美地融入到既有户型之中，营造舒适、合理的生活空间。本书以家居装修中最为重要的空间分隔为主要内容，全面介绍了家居分隔的各种设计要点，包括分隔原则、技巧，不同户型的分隔设计、材质选用等。全书除了介绍实用的空间分隔设计知识外，还汇集了国内外最新流行的600个家居实际分隔案例，具体展示家居八大功能空间的合理分隔设计形式。本书不仅适合准备装修的业主参考使用，也适合行业设计师参考借鉴。

图书在版编目(CIP)数据

家居空间分隔巧设计600 ／ 理想 · 宅编 . － 北京 ：
化学工业出版社，2014.1
（家居巧设计系列）
ISBN 978-7-122-18738-3

Ⅰ．①家… Ⅱ．①理… Ⅲ．①住宅－室内装修－建筑
设计 Ⅳ．①TU767

中国版本图书馆CIP数据核字(2013)第248359号

责任编辑：王斌 林俐   装帧设计：骁毅文化

出版发行：化学工业出版社(北京市东城区青年湖南街13号 邮政编码100011)
印 装：北京画中画印刷有限公司
889mm×1194mm 1/20 印张7 字数100千字 2014年1月北京第1版第1次印刷

购书咨询：010-64518888 (传真：010-64519686) 售后服务：010-64518899
网 址：http://www.cip.com.cn
凡购买本书，如有缺损质量问题，本社销售中心负责调换。

定 价： 39.80元   版权所有 违者必究

前言
FOREWORD

　　合理、舒适的家居设计并不仅仅是简单的空间塑造，而是要使空间散发出一种个性与品位，它包含了家居文化、生活习惯和审美情趣等多方面的因素。家居装修的好坏除了受到整体风格营造、色彩搭配、材料表现等基本因素的影响外，更重要的是细节之处的巧妙处理。

　　基于上述的出发点，本套丛书由理想·宅Ideal Home倾力打造，特别有针对性地对家居的细节设计进行了全面的介绍和展示，根据目前比较热门的空间设计分为了《家居空间多功能设计600》、《家居空间分隔巧设计600》和《小空间家居巧设计600》三册。本套丛书全部以实景图展示，每册都以贴心的小知识点与图片点评讲解，提供给读者最新、最便捷可行的信息。

　　从整体与细部的协调布置，到每个细节的出彩设计，本丛书都有大量的案例作为直观参考。每册图书都精选了约六百张精彩图片，从设计中的各种问题入手，分别展示不同家居空间的设计，以满足不同业主的实际需求。

　　参与本书编写的有孙盼、张蕾、李小丽、王军、李子奇、邓毅丰、刘杰、李四磊、孙银青、黄肖、肖冠军、安平、王佳平、马禾午、谢永亮、梁越。

目录
CONTENTS

如何分隔家居空间

分隔空间的原则

室内空间设计是反映人类物质生活和精神生活的一面镜子，是生活创造的舞台，是为了人们室内生活的需要而去创造和组织理想生活时空的设计。室内空间的分隔可以遵循以下两条原则，按照功能需求作种种处理，其各种手法，都能产生形态繁多的空间分隔。

原则一： 装饰效果放在首位

分隔空间设计应注意三个方面的问题：一是形象的塑造。分隔设计可以多种多样化，所以造型的自由度很大，设计时应注意高矮、长短和虚实等的变化统一；二是颜色的搭配，分隔设计是整个居室的一部分，颜色应该和居室的基础部分协调一致；三是材料的选择和加工。可以利用精心挑选和加工材料，来实现良好的形象塑造和美妙颜色的搭配。因为分隔设计并非纯功能性，所以材料的装饰效果可以放在首位。

原则二： 整体风格协调一致

一般来说，当家居的整体风格确定后，作为局部的分隔设计也应采用这种风格，从而达到整体效果的协调一致。不过，这也并非绝对，有时采用相异的风格也能取得不俗的效果。这里需要注意的是，当整体风格简约时就采用繁复的分隔设计，才能达到视觉的"张弛有度"。

分隔空间的技巧

室内空间分隔设计可分为垂直型分隔和水平型分隔两大类：

垂直型分隔

①利用建筑结构分隔空间。如利用墙、立柱、框架等进行自然而巧妙的分隔，既利用了建筑物的原有结构，又节省了分隔所占用的室内空间。②用活动隔断分隔空间，如用落地翠、屏风、博古架、折叠式木隔断分隔，收放自如，灵活性好。③用装饰物分隔空间，如喷泉、水池、花架、雕塑，既是一道室内风景，又是一道象征性分隔空间的标志。④用玻璃分隔空间，如用推拉式玻璃门、通透式玻璃玄关分隔，隔而不断，增强层次感。⑤用软隔断分隔空间，如帷幔、珠帘、线帘、纱帘都可起到分隔的作用。⑥用家具分隔空间。可用衣柜、橱柜、书柜分隔，甚至桌椅、沙发、茶几都可用来分隔空间。⑦用灯具分隔空间。用成排的装饰灯具或照明的灯光分隔，这种分隔方式新颖时尚，极富时代气息。

水平型分隔

①用垂直交通分隔空间。如用旋转楼梯、弧形楼梯进行分隔。②用水平高差分隔空间。如用升高或降低地面的办法来分隔空间。③用顶棚分隔空间。如用悬吊式或下沉式顶棚分隔空间，这种分隔可打破空间的单调感使室内空间具有水平方向上的层次感。

不同户型的分隔设计

小户型的分隔设计

　　小户型的格局多为狭长形，有的则为不规则的多边形，这种空间划分往往会给家居造成一种压迫感，而且难以陈设家具。因此，若想让狭小的空间既能体现功能区分，又不显得拥挤，最好的办法是巧设空间分隔。在隔与不隔之间便是分隔设计的最高境界，这样的分隔手法能够令空间产生连贯性，还可充分利用空间。因为小户型受面积的限制，完全的空间分隔必然使得空间更显局促，而完全不隔，又难以很好地划分区域功能。对于小户型来说，空间分隔所选用的材料，一般宜采用通透性强的玻璃或玻璃砖，或者是叶片浓密的植物，或者是帷帘、博古架。若选用以薄纱、木板、竹窗等材质做成的屏风作分隔设计，不仅能增加视觉的延伸性，还能给居室带来一种古朴典雅的气氛。

推拉式分隔

　　推拉式的分隔方式可以灵活地按照使用要求把大空间划分为小空间或再合并空间。其简便易行令任何人都可以轻松顺利地移动和操作。最初的推拉式分隔只用于卧室或更衣间衣柜的推拉门，但随着技术的发展与装修手段的多样化，从传统的板材表面，到玻璃、布艺、藤编、铝合金型材，从推拉门、折叠门到分隔门设计，推拉门的功能和使用范围在不断扩展。在这种情况下，推拉门的运用开始变得多样和丰富。除了最常见的分隔门设计之外，推拉门广泛运用于书柜、壁柜、客厅、休闲空间等。目前推拉门的主要分类有为单、双式，内嵌式，悬挂式，折叠式等。

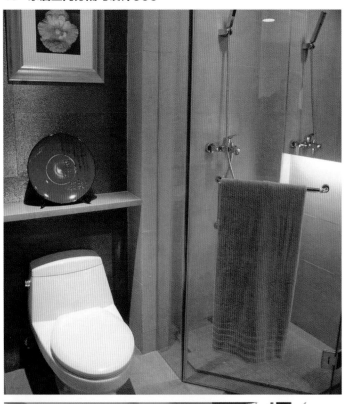

镂空式分隔

　　大多数的空间分隔设计都不属于家居中的承重结构，因此造型完全可以丰富多样，既可是半截轻质隔墙，又可采用镂空造型。人们对于分隔空间的第一印象就是其直观的外在表现，那么通透又美观的镂空设计就是首选，镂空的设计能增添空间的神秘感，而且给人一种很舒服、温馨的感觉。所以空间的分隔设计，不仅可以从装修的根本上进行，有时候仅仅通过形式的变化就能够获得非常不错的装饰效果。因为隔断并非纯功能性，所以材料的装饰效果可以放在首位。

隐形式分隔

　　隐形式分隔，属于分隔设计的一种。是指将一个原有的整体空间，利用顶面高低、灯光、地面材料等的不同来分隔成隐形的两个以上区域的设计手法。顶面高低是利用顶面的高低差异来分隔不同的区域，具有空间的艺术性与层次性。但对家居原本的顶面高度有所要求。否则，被抬高的部分会让人觉得很压抑；以灯光为隔断，是依靠照明器具，或者用不同的照明度、不同的光源，来分隔空间的设计。这种设计常会形成不同光感的空间效果，极具美感，这是一种近乎奢侈、难度很高，却是当代最时髦的一种分隔空间的手法；地面材料隔断来区分空间，一般手法是在会客区铺地毯，在餐厅铺木地板，通道处用防滑砖等。

中户型的分隔设计

　　对于中户型家居而言，分隔设计宜选用尺寸不大、材质柔软或通透性较好、有间隙、可移动的类型，如帷帘、家具、屏风等形式。这种分隔方式对空间限定度低，空间界面模糊，能在空间的划分上做到隔而不断，使空间保持良好的流动性，增加空间层次的丰富性。为保证空间较好的通风与采光可采用低矮的分隔手段代替到顶的分隔设计，从而既能保证各空间区域的功能实用性，又可以避免空间的一览无余，增强空间的私密程度。采用隔音良好的分隔设计，可以保持安静，保护私密，具有抗干扰的能力，适用于书房及卧室等私密性要求较高的空间。

半固定式分隔

　　分隔室内空间的设计，符合简捷、方便、和谐的现代人需求。它不仅可以最大化利用中小户型的空间面积，而且因其形式的多样性与极强的可操作性，可与不同的室内装饰风格相协调。半固定式的分隔设计多指位置固定，但方向或面积可加以变化的形式。如帷幔，其制作工艺简便、材质轻柔、色彩丰富，能增加空间的亲切感，且具有较强的灵活性。但选帷帘布时须注意其质地、颜色、图案应和室内总体布局相协调。此外，半固定式分隔设计还包括推拉门、翻转式隔屏等，此类型可分可合，便于自由调整空间。

矮柜式分隔

　　矮柜式分隔设计属于活动的半封闭式或敞开式空间分隔形式，用于将空间分隔成两个功能不固定的区域。装饰性较强，可以在柜中可以存放物品。比较麻烦的是需要日常维护，且容易移动，令分隔后的空间不稳定。作为分隔空间的柜子高度最好在0.9米到1米左右，太高可能会影响到通风和采光，也会令顶面空间显得较小。还可以做成下面矮柜、上面布帘的新变体，这样的分隔形式会更浪漫。至于颜色方面，如果整体风格绚丽多彩，就不用过于强调柜子的颜色。

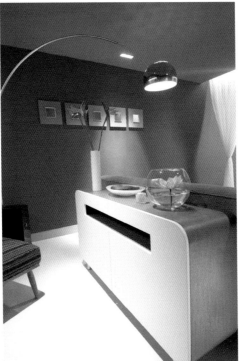

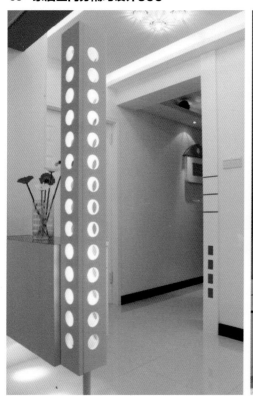

活动式分隔

　　活动式分隔设计具有采光好、隔音强的特点。它融合现代装饰概念，既拥有传统的围合功能，更具储物、展示效果，不仅节约家居空间，而且可使空间富有个性。

　　活动式分隔一般分为：拼装式、推移式、折叠式、悬挂式、卷式等。活动式分隔的材质有很多种，玻璃、金属、布艺、竹木都是可以选择的材质，还有一些流动性比较大的屏风，如流线类及流珠类的屏风。

　　活动式分隔给家居带来很大的方便，比如说活动屏风，在需要的时候可以将它伸展开，形成独立的空间氛围，不需要时就折叠起来，使两个空间合并起来而显得空间更大。

大户型的分隔设计

　　在现在的家居设计中，为了实现各个空间的相互交流与共融，某一个空间往往被赋予了多重功能。这时候就需要对空间进行分隔设计，这样不仅能区分空间的不同功能，还能增强空间的层次感，或是达到美化空间的作用。再设计分隔空间的时候需要根据主人的需求，在适宜的空间进行分隔，不同的分隔形式具有不同的功效，能使居室增色不少。既能将不同的功能空间区分开来，又保持着空间之间的相互交流，保持着整体空间的一致性。特别是对于大户型的空间来说，合理巧妙地运用分隔设计可以丰富大户型空间的规划。

固定式分隔

固定式分隔常用于划分和限定家居空间，由饰面板材、骨架材料、密封材料和五金件组成。固定式的分隔设计多以墙体的形式出现，既有常见的承重墙、到顶的轻质隔墙，也有通透的玻璃质隔墙、不到顶的隔板等。一般固定式分隔分为两种。

简单分隔：不具备任何附加功能，可以遮挡视线，也可以不遮挡视线；可以到顶，也可以不到顶。

功能性分隔：具备附加的功能，如防火、隔声、保温等。

固定式分隔设计所用材料有木制、竹制、玻璃、金属及水泥制品等，也可做成花格、落地罩、飞罩、博古架等各种形式，俗称空透式分隔。

柜体式分隔

　　柜体式分隔设计主要是运用各种家具来分隔空间，能够把分隔空间和贮存物品两者的功能巧妙地结合起来，既节约费用，又节省空间面积；既增加了空间组合的灵活性，又使家具与室内空间相协调。这种柜体式分隔主要有以下几种，

　　(1)柜橱。利用大小不一的柜橱来对室内空间进行有效的分隔，这些柜橱的位置是可以变化的，从而增加了住宅内部空间的可变性。

　　(2)搁板架。由层层搁板组成的搁板架，下设小柜，显得轻巧别致。

　　(3)博古架。博古架式柜体式分隔，具有高雅、古朴、新颖的格调。

　　(4)酒柜或吧台。作为厨房与餐厅、餐厅与客厅的分隔设计，效果清新，具有时代气息。

　　(5)桌椅。在餐厅等公共空间中，常用成组布置的桌椅，并利用座椅的靠背使被围空间具有一定的独立性，类似于火车的卡座。

千差万别的
分隔空间的材料
石膏板墙面

　　目前家居空间所运用的石膏板材料有：纸面石膏板、纤维石膏板和空心石膏条板三种。石膏板便于切割加工，但也容易损坏，因此在运输及安装过程中需要专用机具。施工安装时，为保证拼缝不致开裂，应注意板缝位置安排，拼缝处须用专用胶结材料妥善处理。其具有以下功能特点：①隔声。用薄板组成的双层分离式隔声墙和空心条板组成的双层隔声墙，其隔声效果约相当于24厘米厚的砖墙，隔声指数可达40～50分贝。②防火。石膏板属非燃材料，具有一定的防火性能，有的可用作钢结构的防火保护层。③强度。当墙体的侧向荷载为250帕时，墙体的侧向最大变形不大于墙高的1/240。④湿度调节。当空气中的湿度比它本身的含水量大时，石膏板能吸收空气中的水分；反之，则石膏板可以放出板中的水分，能起调节室内空气湿度的作用。

实木

　　实木是非常亲肤、非常容易让人产生依赖感的材质，木格子的分隔设计不会影响空间与空间之间空气的流动，也不会影响空间的采光，相反，透过那些细小的木格子，光线反而可以作为空间的一种装饰而存在。当你需要更多的储物空间时，你还可以选择将木格子的体积设置得稍大些，使其成为储物空间。

人工板

　　人工板的空间分隔形式可以是全封闭带门窗的分隔设计，也可以是空透式装饰性分隔设计，甚至可以是全高或半高及各种立体装饰造型体，与室内装饰柱体、家具和各种装饰线角等相配合，营造不同的装饰风格和艺术氛围。

玻璃

　　玻璃材质的空间分隔设计，又称玻璃隔墙。主要作用就是使用玻璃作为隔墙将空间根据需求划分，更加合理地利用好空间，满足各种居家用途。玻璃的分隔手法通常采用钢化玻璃，因其具有抗风压性、寒暑性、冲击性等优点，所以更加安全、牢固和耐用，而且钢化玻璃打碎后对人体的伤害比普通玻璃小很多。一般的玻璃分隔设计材质方面有三种类型：单层、双层和艺术玻璃。优质的玻璃分隔应该是采光好、隔音防火佳、环保、易安装并且可重复利用。

珠线帘

　　这恐怕是最便捷的分隔空间方式之一了，具有容易悬挂、容易改变的特点，花色多样且经济实惠，可以根据房间的整体风格随意搭配，相信会是年轻人非常喜欢的手法。用轻巧的帘子把空间一分为二，可创造两个温馨浪漫的空间，而需要一个大空间时，只要将帘重新拉开就可以了。这种分隔方式最适合紧凑的户型使用。在选购时要注意考虑到整体家居的色调。色彩的搭配很重要。强烈鲜艳的颜色，会让居室显得活泼；质感厚重的深色调，会令居室显得紧凑；淡雅素净的暖色，能让居室显得温馨。

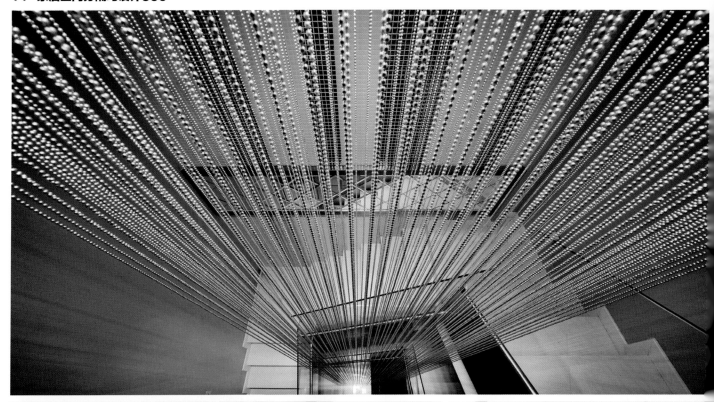

布艺

　　布艺在家居装饰中的优势是显而易见的，可拆洗，所以环保实用；可更换且价格不贵；布的吸音效果，还可以打造出一间完美的影音室：既有非常好的环绕音响效果，又不会干扰到其他空间。除此，还有一个少有人提及的妙处，那就是布艺分隔空间的作用。与墙的作用相同的是，一块布帘就可以将空间分割，但它不是一成不变的，既可以用棉布或丝绸等不透光布料让分隔出的两个空间相对独立，也可以用透明的纱帘，让两个空间有所"对话"。尤其对于现在小面积的房子来说，想要在视觉及感受上让房间变大，应更多运用布艺这个优势。当然，在色调上，也要有所把控，理论上，重的颜色会让空间显小，反之，轻松的颜色会令空间看上去开阔些许。

不同空间的精彩隔断设计

精彩玄关隔断设计

　　玄关是开门纳客的第一印象，各种不同的玄关分隔设计可以很好地装饰玄关，它将客厅与鞋柜之间做了一个小小的划分，虽然区域很小，但它的装修与装饰却是不容小视的，也是保证客厅私密性的好帮手。现代玄关的分隔手法极其多变，不同的人可以根据自己的喜好来选择分隔的方式。玄关的分隔设计一般有两种方式：硬性分隔设计和隐性分隔设计。

1.木质材料的分隔设计，不仅与玄关的整体风格相呼应，而且强调了玄关空间的温馨感。**2.**半隔的实墙分隔设计，让玄关空间既能形成独立的空间氛围，又能与其他空间保持联系。**3.**半面的碎花实墙与木质相搭配，将餐厅从玄关空间分隔出来，并增强了家居的中式风情。

1

2

3

1　2

3　4

1.镂空墙面将用餐空间从玄关分隔出来，让人能够更加悠闲地享受美食。**2.**白色的空间分隔设计不仅与整体空间风格相呼应，并且玄关与厨房空间得以区分。**3.**玄关墙面做出的镂空造型，能够为家居打造出隔而不断的分隔设计。**4.**空间整体清爽质朴，玄关处的木质分隔更增强了这种空间氛围。

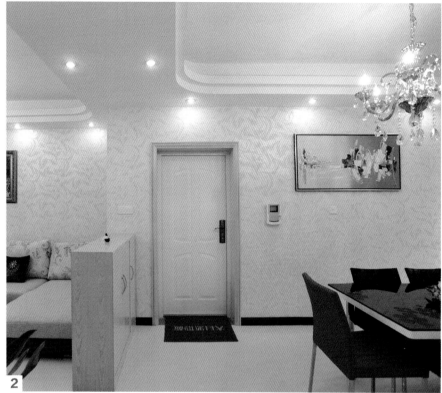

1 **2**

3 **4**

1.白色屏障与绿植相搭配，将玄关空间从整体家居中分隔出来，形成较为独立的空间。**2.**简单的鞋柜，既令玄关空间整洁清爽，又能将客厅分隔独立出来。**3.**线帘与搁架相搭配，不仅分隔了玄关空间，而且令空间既冷静又优雅。**4.**弧形的线帘，其分隔作用令玄关空间充满了朦胧美。

1 2

3 4

1.线帘既能起到分隔空间的作用，又能令这个时尚的玄关多了几分柔美感。

2.起到分隔作用的格栅与整体空间的冷酷格调感相符，体现了主人的品位。

3.玄关处的白色矮柜既满足了收纳作用，又起到了分隔作用。4.珠帘与木质镂空的装饰将玄关分隔成独立的空间，使空间氛围既时尚又温馨。

玄关柜搭配木格栅相搭
，既起到了分隔空间的
用，又能一举两得地悬
衣物。2.高大的分隔设
搭配古朴的收纳柜，让
个现代的玄关空间充满
古典气息。3.简约风的
质格栅，在分隔空间的
寸让玄关充满了自然、
闲的气氛。4.与整体空
风格相呼应的木质格栅
玄关分隔了出来，搭
少帘让空间更加妩媚
者。

1.将玄关与客厅相分隔的轻柔感的纱帘，搭配木质收纳柜，玄关更加清新明快。2.精致的艺装饰既分隔玄关与室内其他间，又能保证居室采光。3.玄鞋柜上方的木质分隔设计，即玄关空间更加独立，又增强了居的自然风情。4.如果想要扩玄关的空间感，不妨选择这通透感十足的分隔设计搭配璃墙面。

1　2

3　4

1.铁艺屏风不仅分割出一个独立的玄关空间，其优雅的花纹更让空间充满质感。2.独特的弧形玄关分隔设计，令玄关空间充满动感，让人眼前一亮。3.黑白两色搭配的玄关充满了冷硬的质感，镂空的分隔造型则令空间更富变化。4.玄关的珠帘，起到了分隔玄关空间与楼梯空间的作用。

1.中式风情的玄关分隔设计搭配绿植，令朴素的家居空间多了几分生机。**2.**玻璃墙面上的书法，在起到分隔空间的作用时，同时令玄关多了些韵味。**3.**玄关上起到分隔作用的玻璃搭配石墙，体现了整体空间的质朴与现代气息。**4.**分隔玄关与其他空间的磨砂玻璃，起到了缓冲进门视线的作用。

客厅空间的分隔设计

一个和谐的分隔方式，设计一处神秘的地带，那就是客厅分隔设计。把客厅与卧室、厨房等其他空间分隔开来，以增加客厅的神秘感和空间立体感，给人一种休闲的生活态度。客厅的分隔设计要遵循以下几大原则。

（1）形象的塑造。分隔设计是完全可以根据个人喜好来设计的，所以造型的自由度很大，设计应注意高矮、长短和虚实等的变化统一。

（2）颜色的搭配。分隔设计应是整个居室的一部分颜色，需要和居室的基础部分协调一致。

（3）材料的选择和加工。分隔设计是一种装饰设计，材料的装饰效果可以放在首位。

（4）无论是玄关或客厅皆不宜放置杂物。整齐、干净的空间对家人的健康非常有益。

1.布艺拉帘设置在沙发后面，起到了分割客厅与卧室的作用。**2.**木质与玻璃相搭配的分隔设计，更加凸显了客厅的自然氛围。**3.**博古架是中式家居比较常用的分隔形式，既能分隔空间又具有展示性。

1

2

3

1.铁质线条的墙面装饰,既丰富了客厅空间,又将其他空间与客厅相分隔开来。**2.**木质搁架既装饰了简约客厅,又将客厅空间分隔出来了。**3.**沙发后面的分隔设计,迎合了空间的整体感,令客厅简约而不简单。**4.**铁质电视墙造型,既满足了客厅需求,又将客厅与卧室分隔开来。

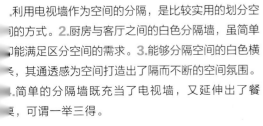

.利用电视墙作为空间的分隔，是比较实用的划分空
间的方式。**2.**厨房与客厅之间的白色分隔墙，虽简单
却能满足区分空间的需求。**3.**能够分隔空间的白色横
条，其通透感为空间打造出了隔而不断的空间氛围。
.简单的分隔墙既充当了电视墙，又延伸出了餐
桌，可谓一举三得。

1.清新的白色屏风分隔了空间，让客厅的会客区更具独立性。2.白色的半隔墙在分隔空间之余，最大限度地与整体空间氛围相吻合。3.与客厅风格相符的简约电视墙起到了分隔空间的作用。4.简单的纱帘，就能将吧台与客厅空间相分隔，强调了空间的功能性。

1 2

3 4

1. 黑色活动式的客厅分隔设计令空间风格更加严谨稳重。**2.** 热烈的红色柜体分隔设计，在分隔空间的基础上增加了展示、收纳的作用。**3.** 中式古朴的客厅活动式分隔设计，强调了整体空间的古典氛围。**4.** 起到分隔作用的格栅设计虽然简单，但却完美地展现出了客厅空间的独立感。

1.线帘搭配电视墙造型，令客厅的空间分隔感更加突出。**2.**这面墙既充当了电视背景墙，又能将客厅与楼梯空间相分隔。**3.**黑色的活动式客厅分隔设计与沙发相搭配，令客厅既独立又充满复古气息。**4.**可移动的屏风，就能将客厅空间与其他空间分隔开来。

1.个性前卫的墙面，在基本的分隔功能下，令客厅更具现代感。2.简洁古朴的博古架，分隔了过道与客厅，让空间更具层次。3.富有线条的活动式分隔设计为中式客厅多了几分现代气息。4.现代感十足的电视墙不仅起到了视听作用，又为整体空间增添了分隔功能。

1 **2**

3 **4**

1.简洁明了的线帘，不仅起到分隔作用，让客厅更加独立，并且柔和了整体的家居氛围。**2.**活动式的分隔设计将客厅与餐厅分隔开来，突出了每个功能空间的独立性。**3.**木质屏风与客厅整体色调相搭配，其分隔空间的功能令客厅更加独立。**4.**颇具中式风情的背景墙分隔设计，让客厅风格更加多元化。

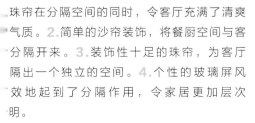

珠帘在分隔空间的同时，令客厅充满了清爽
气质。2.简单的沙帘装饰，将餐厨空间与客
分隔开来。3.装饰性十足的珠帘，为客厅
隔出一个独立的空间。4.个性的玻璃屏风
效地起到了分隔作用，令家居更加层次
明。

1.柔和的线帘起到了分隔作用，令客厅多了层朦胧感。**2.**使用的黑色分隔玄关与客厅空间，增强了家居的整体空间感。**3.**楼梯扶手被置在沙发后面，将客厅与其他空间分隔开来，让家居更加层次分明。**4.**半隔墙的造型设计既起到了分隔空间的作用，又不会阻挡家视线。

1.家居中设置了可活动的玻璃，在满足分隔空间的基本功能下，令家居空间更加时尚现代。2.沙发旁的金属装饰起到了分隔客厅与餐厅空间的作用，使各功能空间更加明确。3.造型时尚的金属隔断墙将客厅与卧室分隔开来，增强了空间层次感。4.纱帘与拉门相搭配形成了家居的活动式分隔设计，强调了空间风格特点。

1 **2**

3 **4**

1.尊贵感十足的墙面既充当了电视墙的功能，又有效地分隔了客厅与书房空间。**2.**木质格栅分隔了楼梯与客厅空间，并可作为电视墙的背景装饰。**3.**起到分隔作用的实木墙，在烘托客厅氛围的同时，满足了家人对光照的需求。**4.**相同的木质格栅将客厅与卧室相分隔，增强了小空间家居的层次感。

格栅门不仅具有分隔空间的作用，同时还丰富了空间的装饰性。**2.**与整体风格相符的酒
与吧台设计，为客厅空间增添了分隔的设计。**3.**弧形轨道的纱帘设计，不仅令客厅更加
和，而且起到了分隔空间的作用。**4.**木质格栅在为客厅营造出独立氛围的同时，也满
了空间的装饰效果。

1.中式风情的木质活动墙，不仅起到了分隔空间的作用，与整体客厅也很好地融合在一起。**2.**沙发背景墙的镂空设计，不仅分隔了空间，同时也烘托了整体空间的质朴风格。**3.**珠帘搭配玻璃的分隔设计，丰富了客厅电视墙的装饰性。**4.**白色的活动墙面将客厅与餐厅分隔开来，让空间更加具有层次感。

搭配铁艺装饰的电视墙，在美化客厅空间的同时，将楼梯与客厅空间分隔开来。2.个性时尚感十足的活动式分隔设计，令客厅的空间风格更□突出。3.具有分隔作用的艺术屏风为客厅带来别样的空间感，增强了空间装饰性。4.颇具装饰效果的活动式分隔设计，将客厅与阳台分隔□，凸显了客厅的中式风情。

餐厅空间的分隔设计

　　在现代装修中，越来越多的年轻人忠于将居室全部设计为开放式，而开放式为空间带来的烦恼就是一眼望穿整个房屋，所以分隔设计的作用就显现了。在餐厅的分隔设计上有很多不同的手法，什么风格搭配什么分隔方式，而分隔空间的形式也有很多种。有的是镂空装饰，有的利用餐边柜，有的利用酒柜。这些家具以及建材都可以达到很好的效果。餐厅的分隔设计同时也要根据空间的大小，如果餐厅面积太小的话，可以利用客厅的电视背景墙来体现餐厅的分隔效果，既有艺术感又很实用。而如果餐厅面积很大的话，可以采用比较大型的分隔手法，利用半透明式的镂空式分隔设计，以及中式风格的屏风都是很好的选择。

1.利用酒柜将餐厅分隔成独立的空间，同时还可展示主人的收藏品。**2.**餐厅的餐边柜与镂空的分隔设计相搭配，营造出一个唯美的用餐空间。**3.**造型别致的装饰玻璃，不仅分隔了餐厅空间，而且增添了空间的装饰性。

1 2

3 4

1.高调的吧台设计，不仅能作为用餐空间，同时也起到了分隔空间的作用。2.印花玻璃的分隔功能为餐厅营造出一种独立的用餐氛围。3.利用墙面装饰将餐厅与楼梯空间相分隔开来，突出了家居层次感。4.造型雅致的镂空装饰墙将餐厅与其他空间分隔开来，增强了空间整体感。

1.利用一扇玻璃推拉门，就简单方便地将餐厨空间与客厅相分隔开。2.利用造型个性的玻璃墙就能将餐厅与厨房分隔开来。3.颇具复古感的推拉式分隔设计，为用餐空间带来别样的风韵。4.餐边搁架搭配玻璃墙，为餐厅空间分隔出更加独立的用餐氛围。

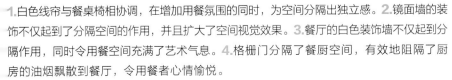

1.白色线帘与餐桌椅相协调，在增加用餐氛围的同时，为空间分隔出独立感。2.镜面墙的装饰不仅起到了分隔空间的作用，并且扩大了空间视觉效果。3.餐厅的白色装饰墙不仅起到分隔作用，同时令用餐空间充满了艺术气息。4.格栅门分隔了餐厨空间，有效地阻隔了厨房的油烟飘散到餐厅，令用餐者心情愉悦。

1.具有分隔作用的浪漫纱帘为用餐空间带来了一种隔而不断的氛围。2.吧台可以作为早餐台来使用，并且起到了分隔客厅与餐厅的作用。3.简单的矮柜造型，就能将用餐空间从整体家居中分隔独立出来，并且为空间增添了收纳能力。4.将厨房操作台作为早餐台来使用，同时能起到分隔的作用。

1.玻璃门以其通透的质感成为家居中常用的分隔设计。2.五彩斑斓的珠帘不仅分隔了餐厅空间，并且增添了用餐氛围。3.半隔墙与金属帘相搭配，完美地将餐厅与客厅分隔开来。4.镂空造型的分隔设计，非常适合采光不佳的餐厅使用。

1.可活动的木质格栅，在分隔空间的同时，起到了装饰作用。2.充满金属质感的活动式分隔设计，将餐厅打造的分外时尚现代。3.珠帘将尊贵风情的餐厅分隔独立出来，并增添了清爽感。4.简简单单的铁艺装饰，不仅展现了分隔空间的功能性，同时也烘托了餐厅的优雅气质。

1 2

3 4

1.具有分隔空间功能的玻璃，以其通透的质感增添了餐厅的采光效果。**2.**珠帘装饰不仅分隔了用餐空间，更为这个餐厅营造出优雅的就餐氛围。**3.**时尚的拉门阻隔了厨房油烟飘散到餐厅空间中，保证了用餐气氛。**4.**珠帘所拥有的分隔功能，为这个质朴的餐厅带来别致的优雅感。

卧室空间的分隔设计

　　如果户型不理想，想要将卧室独立出来，那么就可以运用分隔设计。由于卧室是家居中最私密的空间，在不影响装修设计的美观下，可以采用连珠、窗帘、玻璃等来体现卧室的分隔设计。这样的分隔形式很明显的把卧室和其他空间分开来，制造出属于自己的小空间，心情也可以得到完全的释放。

1.造型独特的卧室分隔设计，为空间增添了读书看报的功能。**2.**具有分隔功能的中式屏风，为卧室空间增添了宁静与优雅。**3.**天然木质的格栅墙面，既分隔了卧室空间，又为空间增添了自然气息。

1.清爽的玻璃隔墙有效地将卧室与其他空间相分隔开来。**2.**装饰金属墙不仅分隔了空间，更为奢华卧室增添了现代氛围。**3.**木质收纳墙不仅可以收纳物品，并且为卧室分隔出独立的休息区。**4.**精致的珠帘不仅满足了卧室的分隔需求，更增添了空间装饰性。

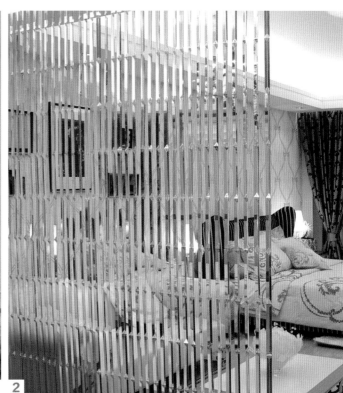

1　2

3　4

1.利用玻璃分隔出卧室中的卫浴空间，令卧室功能更加多元化。2.通透的玻璃墙面不仅可以分隔空间，而且能为卧室形成隔而不断的格局。3.卧室的玻璃墙不仅分隔了卧室与其他空间，更营造出一种通透的视觉效果。4.纱帘与玻璃墙面的搭配不仅分隔了卧室与卫浴空间，并为卧室增添了柔美气息。

1　2

3　4

红色珠帘有效地分隔了空间，并为卧室营造出温情的气氛。**2.**装饰线帘的分隔设计为卧室营造出一个独立的收纳衣帽空间。**3.**造型别致的玻璃金属墙将卧室与卫浴分隔成隔而不断的空间格局。**4.**可活动的屏风门，将卧室从家居中分隔出来，营造出完美的休息空间。

书房空间的分隔设计

随着生活品位的提高，书房已经是许多家庭居室中的一个重要组成部分，越来越多的人开始重视对书房的装饰装修。在装修书房时，对于一个可以修身养性、读书练字的书房，从这几个字上得到一定的启发，即"明"、"静"、"雅"、"序"。因为书房是一个讲求安静和独立的空间，所以空间的分隔设计在这个时候也就起到非同一般的作用。不同风格的书房装修，分隔空间的形式、方式及材料也都是不同的。现在最常用的方式无疑是利用玻璃来进行分隔，既可有效分隔空间，又可轻易选择空间的私密性和开放性。

1.绿色的柔软纱帘为书房分隔出一个幽静的空间氛围。2.书桌的砖墙造型不仅从家居中分隔出阅读区，并起到了收纳、整理的作用。3.略有意境的白色隔断，将书房与楼梯空间分隔开来。

1 2

3 4

玻璃门将书房从客厅中分隔出来，营造出隔而不断的空间感。**2.**在家居中分隔出一个榻榻米空间，让人在宁静的氛围中可以放松下来。**3.**流线形的玻璃隔墙，在分隔书房的同时为空间带来一抹趣味性。玻璃墙面将书房分隔成一个独立空间，在灯光的映衬下令这个空间越发诱人。

1 2

3 4

1.即使是在卧室阳台处设置了书房，也可利用窗帘来有效地分隔这两个空间。

2.白色镂空格栅墙面令书房空间隔而不断，活动式的造型节省了不少空间面积。

3.中式镂空的活动墙分隔设计，保证了书房的采光需求。4.书架既可收藏物件，又可展现空间灵活地分隔功能。

1.玻璃的推拉门以其灵活的分隔形式，营造出了书房的独立氛围。2.玻璃隔墙将书房从过道空间中分隔出去，形成了完整独立的空间感。3.简洁的木质格栅墙将卧室与书房这两个功能空间分隔开来。4.古朴的木质墙面，在分隔空间的同时，也为这个空间添加了无限风韵。

1.利用植物来完成空间的分隔设计，为书房增添了一抹自然感。2.具有分隔效果的珠帘的简洁造型，为稳重的书房氛围带来一丝活泼。3.利用玻璃展架将书房与其他空间相分隔开，为书房带来时尚的氛围。4.深色系的纱帘不仅没有阻碍书房的采光，而且完美地分隔了空间。

1

2

3

4

1.珠帘将书房与卧室分隔开来，营造出独立的书房氛围。2.珠帘与玻璃门的搭配，不仅分隔出了书房的独立氛围，同时也为书房打造出了现代气息。3.朦胧的纱帘装饰就能为家居分隔出一个独立的书房空间。4.有着分隔作用的玻璃门缓解了书房空间中厚重感家具所带来的沉闷感。

1 2

3 4

1.简易百叶帘十分方便地分隔独立的工作空间，不用时可以收起。2.优雅的白色线帘将这个集梳妆、办公于一体的空间从整体家居中分隔出来，凸显了空间的层次感。3.书房的窗帘装饰，为书房带来了一种隔而不断的优雅氛围。4.将阳台空间作为书房的话，可以利用推拉门就能有效地分隔出空间感。

厨房空间的分隔设计

　　开放式厨房近年来受到不少人的青睐，但是中国人传统的烹饪方式容易使厨房里的油烟扩散到其他空间。所以厨房采用分隔设计对厨房和其他空间进行有效地分隔是解决这一问题的好方法。一般厨房空间大多采用透明的玻璃墙来作为分隔材料，既通透又能起到阻隔作用，还非常隔音，厨房里的噪音外面根本听不见，在视觉效果上也不打折扣，而烹饪时的油烟扩散问题也能因此得以解决。

1.简单的中式格栅有效地分隔了空间，令厨房操作更加独立。**2.**玻璃推拉门是厨房最常用的分隔方式，它不仅能展现独立的空间感，同时也方便了各空间之间的联系。**3.**镂空造型的分隔设计，为厨房增添了一抹柔美感。

1.将厨房墙面做高，便成了厨房空间的分隔设计，令空间更具层次感。2.利用吧台将厨房与餐厅分隔开，让餐厨空间更加多元化。3.这款厨房柜，不仅能够做到分隔空间，同时还兼具了收纳功能。4.活动式的中式格栅墙面将厨房空间分隔成了一个自由、独立的空间。

1　2

3　4

厨房利用玻璃墙作为分，既保证了采光效果，有效地阻隔了油烟。厨房选用木质格栅墙面行分隔，为空间增添了丝质朴感。3.厨房的推门有效地分隔了空间，现出了独立的氛围感。利用简易的拉门为厨房行分隔设计，增强了家空间的层次感。

卫浴空间的分隔设计

卫浴空间里运用的最多的分隔设计材料就是玻璃，第一，它防水；第二，能让空间看起来更通透，不会阻隔视线；第三，清洁方便，让空间看上去很干净。在狭小的卫浴空间里，坐便器和洗脸台已占据了一部分位置，只有角落可以利用起来，设计成为淋浴区。家中成员若是两代人不方便，可以把透明玻璃换成磨砂的，以免去心理上的尴尬。

1.运用玻璃围合出淋浴空间，完成了卫浴的干湿分隔设计。**2.**卫浴门也可作为一种分隔设计，令卫浴空间更加充满独立性。**3.**为浴缸配置一杆浴帘，体现了卫浴干湿分隔的需求。

1 **2**

3 **4**

1.淋浴房的玻璃门不仅完成了干湿分隔，并使卫浴空间更加通透、洁净。**2.**可活动的玻璃门，将卫浴的沐浴区域分隔开来。**3.**卫浴采用了珠帘搭配玻璃墙作为分隔设计，强调了空间的清爽感。**4.**玻璃门与木质吊顶的搭配，既分隔出了沐浴区，又为卫浴带来独特的温馨感。

1 2

3 4

1.推拉门是沐浴区常用的分隔设计，实施简单运用方便，同时也令空间感更加洁净。**2.**具有分隔作用的拉门有效地阻隔了沐浴时的水滴四溅及蒸汽弥漫。**3.**小空间的卫浴更需要玻璃房来分隔出沐浴区，以便卫浴干湿分离。**4.**弧形的玻璃墙将淋浴区从卫浴空间中分隔出来，更能节省卫浴空间。

1 2

3 4

1.纱帘与玻璃墙将卫浴空间从卧室中分隔出来，令空间更具层次感。2.柔美的纱帘与玻璃墙相结合，让卫浴带来了分隔功能的同时，强调了多元化的空间感。3.小巧的铁艺装饰，不仅令卫浴空间风情无限，同时其分隔的功能也使得卫浴具有一定的独立性。4.收纳柜将卫浴从过道中分隔出来，成为独立的空间。

1 2

3 4

1.能够起到分隔作用的浴帘与整体卫浴风格相搭配，烘托了空间的清新氛围。**2.**白色浴帘与黑色窗帘相对比，在进行了干湿分隔的同时强化了浴室风格。**3.**白色的浴帘不仅分隔了空间，更烘托了卫浴的清新感。**4.**绿色浴帘不仅具有分隔作用，同时还能为卫浴带来自然的气息。

1 **2**

3 **4**

1.玻璃隔墙为卫浴分隔出完整的空间感，并使黑白卫谷更加通透感十足。2.利用不规则空间分隔出的淋谷房，配合玻璃门，节省了不少卫浴空间。3.玻璃才质的隔墙在干湿分隔的司时，为卫浴空间增添了不少时尚感。4.清透感十足的推拉门为卫浴做出了功能分区，让空间更加富有层次。

1 **2**

3 **4**

1.浴帘作为空间的分隔设计，与马赛克相搭配，让卫浴更显清新。**2.**木质格架的分隔作用，虽简单却能使卫浴层次分明。**3.**白色线帘既可作为卫浴的分隔设计，又能起到装饰空间的作用。**4.**另类的活动式分隔设计令卫浴空间多了几分时尚感。

1　2

3　4

1. 根据卫浴的不规则空间分隔出的淋浴房，为卫浴节省了不少空间。**2.** 被分隔出来的淋浴房，其玻璃拉门上的趣味贴纸为卫浴增添了生活情趣。**3.** 玻璃砖搭配拉门，将淋浴空间从卫浴中分隔出来。**4.** 玻璃拉门将卫浴从卧室中分隔出来，形成了隔而不断的空间感。

1 **2**

3 **4**

1.仅仅一面玻璃墙，就能将卫浴从卧室空间中分隔出来。2.线帘装饰搭配玻璃墙，不仅分隔了卫浴空间，还增强了卫浴的美观性。3.黑色线帘装饰搭配玻璃墙，使得卫浴从卧室中分隔出来，并为卫浴增添了神秘气息。4.卫浴的玻璃墙既分隔了空间，又为奢华的卧室空间增添了一分清爽。

过道空间的分隔设计

　　家里的过道正对着一堵高大的墙，使整个过道空间黑而闷，一进屋便觉压抑。怎么办？不妨做出大胆的"破坏"，将过道正对的墙拆除，做出一个镂空或者透明的分隔设计，以此来"凿壁借光"。而分隔设计应独具创新，比如从进门处瞧，过道的分隔设计可以是四扇玻璃格子门，或者是一个精美的壁龛，玻璃可以采用条纹玻璃、彩绘玻璃、磨砂玻璃等。利用分隔设计的朦胧美感映出主人细巧的心思。

1. 时尚的收纳架摆放在过道处不仅可作为家居装饰，而且还可起到分隔空间的作用。
2. 铁艺与绿植搭配的分隔设计，令这个过道空间更加随性自然。**3.** 镂空的分隔设计增加了过道空间的采光性，同时也保持了整体的空间感。

1.金属材质的镂空隔断搭配大幅装饰画，丰富了空间表情。2.精致的铁艺隔断造型，在分隔空间的同时也凸显出了空间的悠闲田园风情。3.将过道与楼梯空间分隔开来的金属隔墙，令家居充满了现代气息。4.线帘不仅具有分隔的作用，还为过道空间增添了柔美的气氛。

1.整体书架不仅满足了居室收纳展示的需求，同时也充当了过道的分隔设计。2.可移动的拉门，其具有的分隔功能令过道更具独立感。3.浅色的木质过道分隔设计，可减弱空间的狭长感。4.过道的木质格栅不仅能够分隔空间，并且烘托了家居的稳重氛围。

1 2

3 4

1.过道中心的装饰品，同时也起到了分隔客厅与餐厅空间的作用。**2.**玻璃与木质相结合的隔墙，利用过道空间为家居分隔出了更衣室。**3.**曲线造型的活动式隔断设计，令过道空间更加独特、幽静。**4.**玻璃与珠帘相结合的分隔设计，令过道空间充满了层次感。